Negye Hailu

Determinantes da adaptação à variabilidade climática na área de produção agrícola

Negye Hailu

Determinantes da adaptação à variabilidade climática na área de produção agrícola

ScienciaScripts

Imprint

Cover image: Disponibilizado pelo autor

This book is a translation from the original published under ISBN 978-620-2-30170-1.

Publisher:
Sciencia Scripts
is a trademark of
Dodo Books Indian Ocean Ltd. and OmniScriptum S.R.L publishing group

120 High Road, East Finchley, London, N2 9ED, United Kingdom
Str. Armeneasca 28/1, office 1, Chisinau MD-2012, Republic of Moldova, Europe
Printed at: see last page
ISBN: 978-620-8-35199-1

Estratégias de adaptação à variabilidade climática, meios de subsistência rurais do Nordeste da Etiópia, no caso do distrito de Kalu

Resumo

O estudo analisou as estratégias de adaptação à variabilidade climática nos meios de subsistência rurais do norte da Etiópia, no caso do distrito de Kalu. O estudo identifica, descreve as várias causas da variabilidade climática, o seu efeito na agricultura, as estratégias de sobrevivência e de adaptação para melhorar a sua produtividade e os métodos de recolha de dados método de amostragem aleatória de 180 agregados familiares rurais em três zonas de subsistência (vale de Cheffa, sul de Wollo Belg e sul de Wollo e Oromia oriental de sorgo e gado). A perceção da variabilidade climática é que o aumento da temperatura e a diminuição e distribuição errática da precipitação constituem o maior risco de diminuição da produção e da produtividade agrícolas. As estratégias de adaptação local no distrito consistem na utilização da irrigação, na melhoria da variedade das culturas, na alteração da data de serragem, na conservação do solo, na plantação de árvores/florestação, na plantação precoce, na alteração do tipo de cultura, na plantação tardia, na recolha de água e na procura de actividades fora da exploração. A política governamental, a orientação e as estratégias de investimento devem apoiar a educação, o serviço de extensão agrícola, o crédito e a informação sobre a variabilidade climática, incluindo o método tecnológico, encorajar e premiar os instrumentos agrícolas, em especial os agricultores pobres, para que aumentem as estratégias de adaptação e a produtividade da sua agricultura. Recomenda-se o incentivo à irrigação, à utilização de variedades de culturas melhoradas e à integração da pecuária.

Palavras-chave: Adaptação, perceção, variabilidade climática, meios de subsistência rurais e distrito de Kalu

1. Introdução

A variabilidade climática consiste em variações no estado médio do clima em todas as escalas temporais e espaciais para além dos fenómenos meteorológicos individuais. Exemplos de variabilidade climática incluem secas prolongadas, cheias e condições que resultam de eventos periódicos El Nino e La Nina (USAID, 2007). Estudos indicam que a agricultura africana é negativamente afetada pela variabilidade climática (McCarthy et. al 2001). Por conseguinte, a nível mundial, o desempenho do sistema alimentar depende hoje mais do clima do que há 200 anos; os possíveis impactos da variabilidade climática na segurança alimentar tendem a ser encarados com maior preocupação nos locais onde a agricultura de sequeiro continua a ser a principal fonte de alimentos e de rendimentos (FAO, 2008).

África é geralmente reconhecida como o continente mais vulnerável à variabilidade climática. A Etiópia é um dos países da África Oriental mais vulneráveis à variabilidade do clima, como o demonstra o alcance do efeito da variabilidade climática nas últimas três ou quatro décadas (IPCC, 2007). A agricultura na Etiópia contribui fortemente para a economia em geral, mas este sector é afetado por muitos factores, entre os quais as catástrofes relacionadas com o clima, como a seca e as inundações (que provocam frequentemente a fome), são os principais (Temesgen, 2007). O conhecimento dos métodos de adaptação e dos factores que afectam as escolhas dos agricultores reforça as políticas destinadas a enfrentar os desafios que a variabilidade climática está a impor aos agricultores etíopes (Temesgen *et al, 2008).*

Na África Oriental, existem alguns locais onde é provável que a precipitação diminua, mas os aumentos da produtividade agrícola estão a aumentar para participar nas estratégias de adaptação (Bryan et al., 2011). Porque muitos investigadores acreditam que a agricultura é o sector mais suscetível à variabilidade climática e, além disso, a variabilidade climática pode ter um efeito indireto na agricultura, influenciando os surtos e a distribuição de pragas das culturas e doenças do gado, exacerbando a ocorrência e a distribuição da severidade do clima no solo (Watson et al, 1998; IPCC, 2001).

Foram feitas algumas tentativas para estudar o impacto da variabilidade climática na agricultura etíope Temesgen (2007) e a NMSA (2001) identificaram potenciais estratégias de adaptação e mecanismos de resposta aos impactos adversos da variabilidade climática na produção agrícola e pecuária, mas não indicaram os factores que determinam as estratégias de adaptação. Embora a abordagem aplicada inclua a adaptação, não identifica os factores determinantes de cada um dos métodos de adaptação utilizados pelos agricultores.

Além disso, a adaptação à variabilidade climática é um processo em duas etapas: primeiro, o agregado familiar deve aperceber-se de que o clima é variável e depois responder às mudanças através da adaptação (Temesgen, 2008).

Os principais constrangimentos socioeconómicos na produção agrícola incluem políticas inadequadas; diminuição da dimensão das explorações agrícolas e da agricultura de subsistência devido ao crescimento demográfico; degradação das terras devido à sua utilização inadequada, como o cultivo em terrenos muito declivosos; e sobrecultura e sobrepastoreio. Além disso, a insegurança da posse, os fracos serviços de investigação agrícola e de extensão, a falta de comercialização agrícola, as redes de transporte inadequadas, a utilização inadequada de factores de produção agrícola e a utilização de tecnologias atrasadas são outros constrangimentos. As principais causas da fraca produção no subsector da pecuária são a alimentação e a nutrição inadequadas, o baixo nível de cuidados veterinários, a ocorrência de doenças, a fraca estrutura genética, a dotação orçamental inadequada, as infra-estruturas limitadas e a investigação limitada sobre a pecuária. O principal problema ambiental, tanto na produção vegetal como na produção animal, são as secas recorrentes, as tempestades de granizo, as inundações e a incidência de pragas (Befekadu e Berhanu 2000).

A recente crise alimentar, como a da Etiópia, recorda a contínua vulnerabilidade da África Oriental às vicissitudes da situação. Noutro local do país, o distrito de Kalu, situado na Etiópia, o aumento previsto da temperatura e a diminuição da precipitação afectarão negativamente a produção agrícola e pecuária, diminuirão os recursos hídricos e degradarão os meios de subsistência dos agricultores, que dependem da agricultura de subsistência. Por conseguinte, é necessário obter o máximo de informação possível e conhecer as posições dos agricultores rurais e as suas necessidades, bem como os seus conhecimentos sobre as variáveis climáticas, a fim de propor práticas de adaptação que satisfaçam essas necessidades. As estratégias de adaptação são identificadas como as principais opções políticas para reduzir o impacte negativo da variabilidade climática (Adger et al., 2003). É previsível que a variabilidade climática global ameace a produção alimentar e o seu abastecimento, por exemplo, através da alteração dos padrões de precipitação, do aumento da incidência de condições meteorológicas extremas e da alteração da distribuição das doenças e dos seus vectores (IPCC, 2007).

1. MATERIAL E MÉTODOS

1.1. Descrição da zona de estudo

Este estudo foi efectuado no distrito de Kalu, que se situa na Zona Sul de Wollo, Estado Regional Nacional de Amhara, Etiópia. Situa-se a 11058'44" de latitude norte e 37041'48" de longitude leste. A capital do distrito é Kombolcha, que fica a 376 km de Adis Abeba e a 500 km da capital regional, BahirDar. Tem 34 kebeles administrativas locais, das quais 30 são rurais e 4 são urbanas. A área total coberta é de cerca de 87 523 hectares e é conhecida pelos seus recursos naturais degradados, secas recorrentes e vulnerabilidade à variabilidade climática.

1.2. População

O Distrito tem uma população total de 186.181 habitantes, com um aumento de 9,18%, dos quais 94.187 são homens e 91.994 são mulheres (CSA, 2007). De acordo com o relatório do censo de 2007, existem 41.648 agregados familiares (com um tamanho médio de família de 4,44 por agregado familiar na zona rural) e 20% dos agregados familiares são chefiados por mulheres. O local de estudo selecionado, Adamie ager kebele, tem uma população total estimada em 10 753 habitantes e 1854 chefes de família, Addis mender kebele tem uma população total de 6 827 habitantes e 1 083 chefes de família e Takaki kebele tem uma população total de 3 889 habitantes e 1006 chefes de família.

1.3. Localização e topografia

O distrito é constituído por três zonas de subsistência: o vale do chafe, o sul do Wollo Belg e o sul do Wollo e as zonas de subsistência do sorgo e do gado da planície oriental de Oromia. A altitude do distrito de Kalu varia entre 800 metros acima do nível do mar, nas terras baixas que fazem fronteira com a zona administrativa de Oromia, e 1850 metros no sopé das montanhas a norte da capital do distrito, Kombolcha. O distrito é dotado de rios importantes, incluindo o Cheleleka e o Borkena. A topografia é caracterizada por encostas, encostas intermédias e planícies, mas é dominada por encostas planas e a precipitação anual é de 1044 mm e as altitudes do distrito variam entre 800 e 1850 m.a.s.l. (Kalu WFSEWO, 2014).

1.4. Cobertura e utilização do solo

A cobertura do solo da área de estudo é constituída por prados com poucos arbustos, terras cultivadas, florestas (principalmente arbustos e eucaliptos), pastagens e povoações. A vegetação da área foi largamente degradada devido a actividades agrícolas, limpeza e corte de árvores. Devido às obras públicas, foram efectuadas algumas plantações, principalmente de Sesbania sesban e Acacia saligna.

Estas espécies coexistem com as já existentes Carifa edulis, Acacia abyssinica, Euphorbia candelabrum e Olea africana.

1.5. Agricultura e Sistemas Agrícolas na Área de Estudo

A agricultura é mista, com produção vegetal e pecuária. As principais culturas cultivadas incluem o sorgo, o teff, o trigo, a aveia e as leguminosas (grão-de-bico, feijão-frade e ervilhaca). O gado bovino, o gado bovino e o gado burro são os animais mais comuns na zona. O sistema agrícola é um sistema misto típico de culturas e pecuária. A agricultura é principalmente alimentada pela chuva, onde a falta de fiabilidade da precipitação é um problema comum para o fracasso das colheitas. Devido à inconsistência da precipitação, a área sofre secas recorrentes. A terra é cultivada no início da estação das chuvas. A atividade de lavoura é feita com bois e alfaias tradicionais.

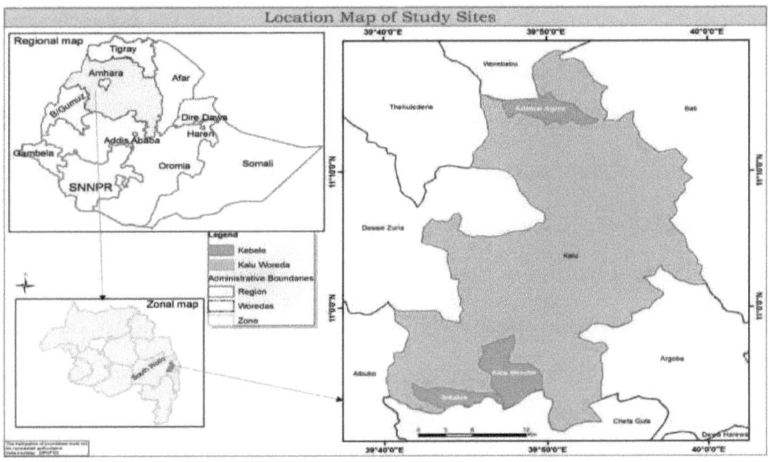

Figura 1: O distrito de Kalu e o seu Keble (fonte: FSEWO do distrito de Kalu, 2014)

1.6. Metodologia

Este estudo foi efectuado com base em dados primários e secundários. Os dados secundários foram recolhidos de artigos publicados e não publicados, livros, revistas e relatórios. Os métodos e materiais utilizados para a recolha de dados primários são descritos abaixo.

1.6.1. Técnicas de amostragem e dimensão da amostra

Existem vários métodos de amostragem disponíveis; esta investigação utilizou o método de amostragem aleatória sistemática para selecionar a amostra de agregados familiares. Na primeira fase, utilizando a amostragem intencional, o distrito foi classificado em três zonas de meios de subsistência com base na cultura e nos meios de subsistência, tendo sido selecionada uma kebele de cada zona de meios de subsistência (vale de Chefa, sul de Wollo Belg e sul de Wollo e zonas de meios de subsistência de sorgo e gado da planície oriental de Oromia). Em seguida, a lista da população das três kebeles foi obtida junto da respectiva administração de Kebele. Utilizando a fórmula de determinação do tamanho da amostra indicada abaixo (Yemane, 2001), foi determinado um tamanho total de amostra de 180 agregados familiares para este estudo. Na segunda fase, com base na lista dos agregados familiares, foi utilizada a técnica de amostragem aleatória sistemática para selecionar os agregados familiares em que cada k^{th} intervalo da lista de agregados familiares selecionados para inclusão na amostra global. O valor de K foi determinado dividindo o total de agregados familiares listados na kebele pela dimensão da amostra.

Fórmula de determinação do tamanho da amostra

$$\text{Sample Size (n)} = \underline{N.t^2*p.q}/d^2N+t^2.p.q$$

Onde

N = é o número de agregados familiares nas kebeles selecionadas

t = é o número que representa o intervalo de confiança necessário (para IC 95%, t= 1,96

p = é a probabilidade de ocorrência de um evento (a taxa de adaptação da população P = 0,5)

q = é a possibilidade de um acontecimento não ocorrer (a taxa de adaptação da população q = 0,5)

d = é a taxa de erro aceitável durante a amostragem (0,05 novamente associada a 95%)

1.6.2. Métodos de recolha de dados

1.6.2.1. Inquérito por questionário às famílias

Os dados utilizados no estudo de representação foram recolhidos entre março e abril de 2014. Neste estudo, foram utilizados dois tipos de dados: dados primários e dados secundários. Os dados primários foram recolhidos através de dois métodos principais: o inquérito aos agregados familiares e o inquérito à comunidade.

A pergunta da entrevista ao agregado familiar foi preparada de forma estrutural e, utilizando essa pergunta e a entrevista, o agregado familiar foi entrevistado nos meios de subsistência do vale de Cheffa, no sul de Wollo Belg e no sul de Wollo e na planície oriental de Oromia, no que respeita ao sorgo e ao gado. Uma vez que o objetivo do estudo é obter uma visão mais abrangente sobre o estudo, os agregados familiares foram seguidos utilizando os dados dos kebeles e foram selecionados aleatoriamente. Nos casos em que os agregados familiares se ausentaram de casa durante muito tempo, foi selecionado aleatoriamente um novo agregado familiar na mesma aldeia. Além disso, quando necessário, durante e após a discussão, foram efectuadas observações físicas (pessoais) em cada fase do estudo para triangular as conclusões. Foram selecionados sessenta agregados familiares em cada meio de subsistência para cobrir diferentes grupos de riqueza e foi realizado um inquérito total a 180 agregados familiares para determinar os factores que influenciam a adaptação à variabilidade climática nos agregados familiares rurais. No inquérito, o tamanho da amostragem do investigador não foi o mesmo para todos os agregados familiares, devido a restrições orçamentais, e os kebeles eram os mesmos meios de subsistência. As perguntas de investigação, as listas de verificação e os tópicos foram preparados em inglês. Durante o período de recolha de dados, os responsáveis pela recolha de dados traduziram-nos para a língua local, o amárico.

I.6.2.2. Discussão em grupo

As discussões de grupos de foco foram utilizadas como uma das técnicas de recolha de dados qualitativos. No total, foram realizadas três discussões de grupos de discussão, das quais 12 participantes em cada kebele foram entrevistados para gerar informação. A informação obtida através destas técnicas de discussão de grupos de foco ajudou a reforçar as conclusões da investigação a partir dos inquéritos formais.

Os participantes no debate foram os participantes nas actividades de trabalho público, os anciãos da comunidade, o líder religioso, o representante das mulheres, o representante dos jovens e o administrador da kebele.

1.6.2.3. Entrevista com informador-chave

O total de entrevistas com informadores-chave no distrito é de nove, do departamento de agricultura e da organização não governamental local, respetivamente, seis (extensão, segurança alimentar, alerta precoce, recursos naturais, departamentos de pecuária e associação de desenvolvimento de Amhara) e três agentes de desenvolvimento (AD's) dos respectivos kebeles, foram entrevistados com as mesmas perguntas. A entrevista detalhada com os respectivos funcionários foi particularmente crucial para relacionar e compreender a perceção da variabilidade climática, a escolha da adaptação às variáveis climáticas, os constrangimentos da adaptação às variáveis climáticas e os factores de stress existentes.

1.6.2.4. Entrevistas com os secretários dos Kebeles

Foram entrevistados três secretários da administração das kebeles, um secretário administrativo por kebele. Para além de ajudarem a obter informações detalhadas sobre as suas respectivas kebeles e meios de subsistência, também foram úteis no esclarecimento de lacunas criadas durante a entrevista aos agregados familiares e no fornecimento de informações abrangentes sobre as kebeles e os distritos vizinhos.

I.6.2.5. Observação pessoal no terreno

A observação pessoal no terreno durante a recolha de dados no distrito de Kalu, a comunidade trabalha intensamente na conservação do solo e da água, constrói terraços com terra e pedra nas margens do rio, pratica a irrigação em pequena escala, a irrigação em viveiro e planta árvores nas montanhas dos respectivos Kebeles (recursos disponíveis) e mecanismos de resposta existentes.

1.7. Métodos de análise de dados

Neste estudo, tanto o resumo da discussão em grupo como a estatística descritiva foram utilizados para gerar informações a partir dos dados recolhidos, de tal forma que cada um deles foi concebido para responder aos objectivos específicos do estudo. As estatísticas descritivas são ferramentas importantes para apresentar os resultados da investigação de forma clara e concisa. Aplicando estatísticas descritivas, o inquérito aos agregados familiares e aos agregados familiares rurais analisará a perceção da variabilidade climática, as estratégias de sobrevivência escolhidas e as opções de adaptação utilizadas pelos agregados familiares rurais, as medidas de adaptação desejadas, os constrangimentos à adaptação, as percepções da ligação entre a agricultura e a variabilidade climática e as práticas de gestão das terras utilizadas pelos agregados familiares rurais. Através da média, tabulações cruzadas, desvio padrão, percentagens, frequência, tabelas, gráficos e análise de tendências, é possível comparar e contrastar diferentes categorias de unidades de amostra em relação aos caracteres desejados, de modo a resumir os resultados. Os dados das três kebeles serão reunidos com as caraterísticas do agregado familiar (nível de educação, idade, estado civil, tamanho da família e género do chefe do agregado familiar), acesso aos serviços de extensão, acesso ao mercado, acesso ao crédito, tamanho da terra, TLU e informação sobre a variabilidade climática.

1.7.1. Análise/Apresentação de dados

Os dados qualitativos provenientes de várias fontes foram examinados e apresentados em termos de perceção da variabilidade climática, causas da variabilidade climática e estratégias de adaptação. Os dados quantitativos foram editados, codificados e introduzidos num computador, tendo sido utilizadas folhas de cálculo do software Statistical Package for Social Science (SPSS) versão 20.0 para a análise. Foram efectuadas estatísticas descritivas para determinar as frequências e, em seguida, procedeu-se à tabulação cruzada. As perguntas de resposta múltipla foram analisadas de modo a obter frequências e percentagens. Foram utilizados quadros e gráficos de barras para apresentar diferentes variáveis e analisados com o Microsoft Office Excel (2007) para apresentar padrões e tendências de precipitação e temperatura sob a forma de gráficos.

2. Resultados e discussão

2.1. Causa da perceção da variabilidade climática na área de estudo

Na zona de subsistência do vale de Cheffa, o sobrepastoreio não é a causa da variabilidade climática, ao passo que 33,3%, 16,7%, 21,7%, 8,3% e 8,7% dos agregados familiares referiram que a má gestão dos recursos naturais, o aumento da população, a erosão dos solos, a desflorestação e a falta de sensibilização são as principais razões da variabilidade climática, respetivamente.

Na zona de subsistência de wollo belg sul, os agricultores consideram que as causas da variabilidade climática são o sobrepastoreio (10%), a má gestão dos recursos naturais (15%), o aumento da população (18,3%), a erosão do solo (36,7%) e a desflorestação (8,3%), enquanto nesta zona de subsistência a urbanização, a falta de sensibilização e o carvão e a lenha não são causas da variabilidade climática.

No sul de wollo e na planície oriental de Oromia, os agricultores que vivem do sorgo e do gado consideraram que as causas da variabilidade climática são o sobrepastoreio (16,7%), a má gestão dos recursos naturais (23,7%), o aumento da população (20%), a desflorestação (6,7%) e a urbanização (3,3%), enquanto que nos meios de subsistência a falta de sensibilização e o carvão e a lenha não são causas da variabilidade climática. A erosão do solo é semelhante à do vale de

Cheffa e do sul de Wollo e à da planície oriental de Oromia, onde o sorgo e o gado são 21,7% das causas da variabilidade climática.

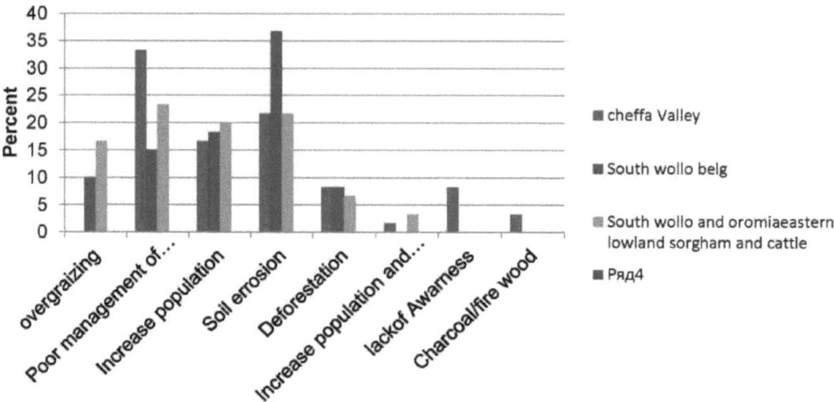

Figura 2: Causa da perceção da variabilidade climática na área de estudo (fonte: inquérito aos agregados familiares, 2014)

2.2. Perceção dos agregados familiares sobre o impacto da variabilidade climática

Os agregados familiares entrevistados perceberam que houve um impacto da variabilidade climática nos seus meios de subsistência (98% dos informantes). Mas há uma variação considerável entre as zonas agro-climáticas no que diz respeito à altura em que esta mudança começou a acontecer, e à variável climática de interesse (precipitação, temperatura e outras).

O resultado mostra que 81,7% dos agricultores referiram um aumento da temperatura e 18,3% dos inquiridos referiram uma diminuição da temperatura nos últimos vinte anos (Figura 3). Cerca de 36,6% dos agricultores percepcionam um aumento da precipitação e 65,6% percepcionam uma diminuição da quantidade de precipitação durante os últimos 20 anos. Estas percepções foram consistentes em todas as kebeles inquiridas relativamente às diferentes zonas de subsistência e ao efeito esperado da variabilidade climática na produção agrícola e no estilo de vida. A partir dos resultados do inquérito, 76,5% dos agregados familiares referiram a ocorrência de chuvas irregulares na zona. Além disso, 47,2% dos agregados familiares consideraram que houve inundações extremas na principal estação das chuvas, 61,7% dos agregados familiares rurais referiram que a precipitação se atrasou em relação à hora normal e 49,4% dos agricultores responderam que a precipitação chegou mais cedo do que a hora normal.

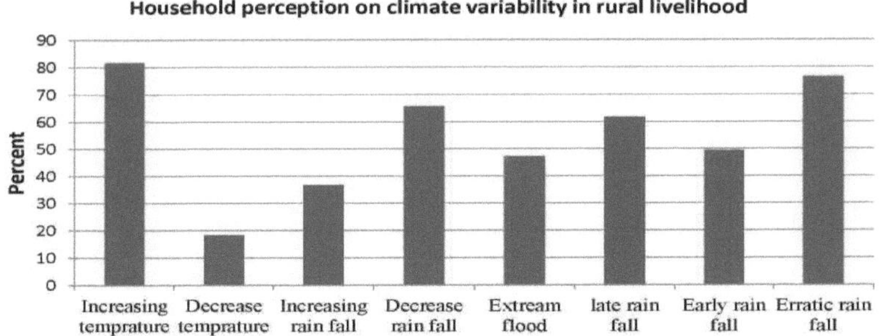

Figura 3: Perceção dos agricultores sobre a tendência da precipitação e da temperatura nos últimos 20 anos

2.2. Causa da perceção da variabilidade climática na área de estudo

Na zona de subsistência do vale de Cheffa, o sobrepastoreio não é a causa da variabilidade climática, ao passo que 33,3%, 16,7%, 21,7%, 8,3% e 8,7% dos agregados familiares referiram que a má gestão dos recursos naturais, o aumento da população, a erosão dos solos, a desflorestação e a falta de sensibilização são as principais razões da variabilidade climática, respetivamente.

Na zona de subsistência de wollo belg sul, os agricultores consideram que as causas da variabilidade climática são o sobrepastoreio (10%), a má gestão dos recursos naturais (15%), o aumento da população (18,3%), a erosão do solo (36,7%) e a desflorestação (8,3%), enquanto nesta zona de subsistência a urbanização, a falta de sensibilização e o carvão e a lenha não são causas da variabilidade climática.

No sul de wollo e na planície oriental de Oromia, os agricultores que vivem do sorgo e do gado consideraram que as causas da variabilidade climática são o sobrepastoreio (16,7%), a má gestão dos recursos naturais (23,7%), o aumento da população (20%), a desflorestação (6,7%) e a urbanização (3,3%), enquanto que nos meios de subsistência a falta de sensibilização e o carvão e a lenha não são causas da variabilidade climática. A erosão do solo é semelhante à do vale de Cheffa e do sul de Wollo e à da planície oriental de Oromia, onde o sorgo e o gado são 21,7% das causas da variabilidade climática.

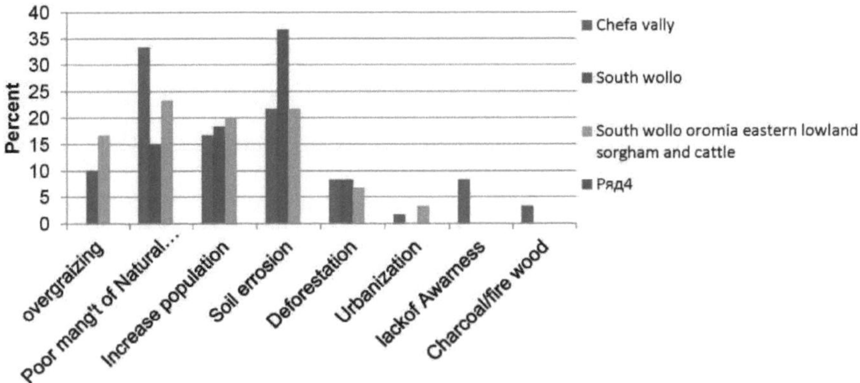

Figura 4: Causa da perceção da variabilidade climática na área de estudo (fonte: inquérito aos agregados familiares, 2014)

2.4. Efeitos da variabilidade climática no desempenho agrícola e nos meios de subsistência da zona.

Durante a seca e o atraso no início da chuva, a terra torna-se seca e difícil de lavrar, o défice de forragem leva à fraqueza e à mortalidade dos bois (motor do cultivo subsistente), e a falta de precipitação impede o cultivo de sementes e a germinação das sementes cultivadas. Mesmo um atraso de semanas no início da chuva foi considerado como tendo uma diferença significativa na colheita e privando as famílias de meios de subsistência.

Por outro lado, a chuva forte e não sazonal tem consequências positivas e negativas, proporciona uma boa época de colheita, particularmente nas terras médias e baixas, mas causa consequências negativas ligeiras a graves, dependendo da fase fonológica da planta, do tipo de solo, da topografia e da intensidade da chuva. No distrito de Kalu, a distribuição errática da precipitação é propensa à seca e afecta a diminuição da produção agrícola, a criação de gado, o aumento da temperatura, a erosão do solo e a destruição de animais selvagens. A erosão do solo provocada por chuvas fortes foi exacerbada pela natureza do solo, que é facilmente degradável e tem uma baixa capacidade de retenção de água, pela topografia e pela mudança de uso da terra. A maior parte do aumento da produção do solo deve ser contida no seu mineral, especialmente a parte superior do solo regenerou a fertilidade da planta em crescimento, alimentando esta fertilidade a planta poderia ser produtiva. A chuva forte também afectou a produtividade da natureza do solo. O solo natural está associado a uma elevada capacidade de alagamento e as chuvas fortes afectam a preparação da terra, a germinação das sementes e o crescimento das culturas, causando a inundação das sementes cultivadas e a degradação da terra. Além disso, o solo cola quando está molhado e racha quando está seco, sendo difícil de arar.

In Cheffa valley livelihood the Major effects of climate variability on agriculture the household reported to crops are sometime failed (93.3%), totally crops failed is (8.3%), crop production per hectare decrease (78.3%), crop production per hectare increase (21.7%), aumento do surto de doenças das culturas (65%), aumento da infestação de ervas daninhas (48,3%), aumento das inundações sazonais (40%), alteração do padrão de produção das culturas (78,3%), aumento da erupção de pragas de insectos (61,7%), alteração do padrão de produção animal (70%), diminuição da disponibilidade de pastagens (88,3%) e prevalência de doenças animais (55%).

Nos meios de subsistência de South Wollo Belg, o agregado familiar relatou o efeito da variabilidade climática na agricultura: as culturas falharam durante algum tempo (91,5%), as culturas falharam totalmente (25,5%), a produção de culturas por hectare diminuiu (89,8%), o surto de doenças das culturas aumentou (96.6%), aumento da infestação de ervas daninhas (94,9%), aumento das inundações sazonais (88,1%), alteração dos padrões de produção das culturas (71,2%), aumento do surto de pragas de insectos (94,9%), alteração dos padrões de produção animal (67,8%), diminuição da disponibilidade de pastagens para os animais (88,1%) e prevalência de doenças animais (72,9%).

Nos meios de subsistência do sorgo e do gado das terras baixas do sul de Wollo e de Oromia oriental, o efeito da variabilidade climática na agricultura foi o seguinte household head responded crops are some time failed (88.3%), crops are totally failed (8.3%), crop production per hectare decrease (53.3%), crop production per hectare increase (33.3%) crop disease outbreak increase (45%), weed infestation increase

(41.7%), aumento das inundações sazonais (33,3%), alteração do padrão de produção vegetal (65%), aumento do surto de insectos (28,3%), alteração do padrão de produção animal (55%), diminuição da disponibilidade de pasto animal (85%) e prevalência de doenças animais (46%).

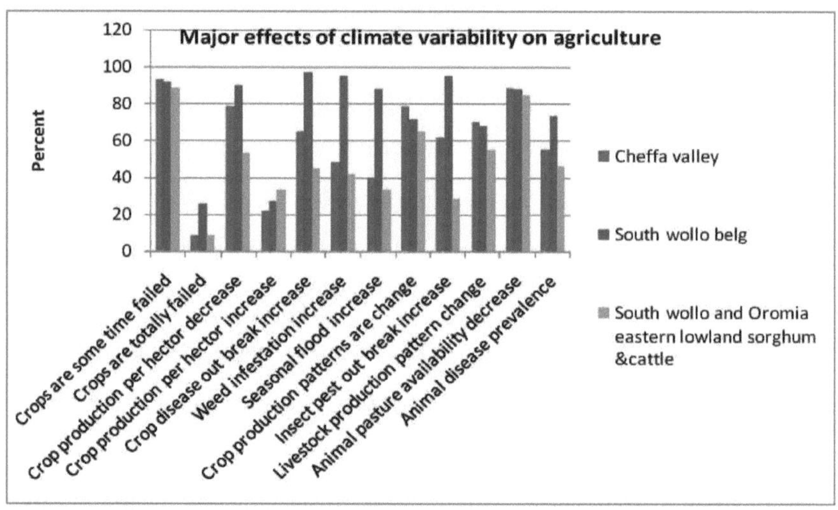

Figura 5: Principais efeitos da variabilidade climática na agricultura na área de estudo

2.3. Estratégias locais de resposta à variabilidade climática nas actividades de subsistência

Na área de estudo, os agregados familiares utilizaram diferentes mecanismos locais de sobrevivência, mas os principais mecanismos de sobrevivência são explicados. Como indicado na figura 8, em média 55

(53,9%) % no vale de Cheffa, 52 (50,9%) em South Wollo Belg e 50 (49) % em South Wollo e nas zonas de subsistência de gado bovino e sorgo da planície oriental de Oromia estão a aumentar as horas de trabalho como as suas principais estratégias de sobrevivência. Em média, 43,5% dos inquiridos, 51(50%) no vale de Cheffa, 47(46%) em south wollo belg e 35(34,3) % em south wollo & Oromia eastern lowland cattle and sorghum sugeriram a redução das despesas com insumos produtivos (fertilizantes, sementes e medicamentos para o gado, etc.) como principal estratégia de sobrevivência.

O terceiro mecanismo de resposta mais significativo é a redução do número de refeições consumidas por dia. Em média, 42% dos inquiridos (36 (35,3%) no vale de Cheffa, 53 (51,96%) em South wollo belg e 42 (41,2%) em South wollo e Oromia eastern lowland cattle & sorghum) recorrem a este mecanismo de resposta. Em média, 41,5% dos inquiridos, 53 (51,96%) no vale de Cheffa, 39 (38,23%) em South Wollo Belg e 35 (34,3%) nas zonas de subsistência de gado e sorgo de South Wollo e Oromia Oriental Lowland, estão a reduzir as despesas com artigos não essenciais (cerveja, cigarros e carne).

O quarto mecanismo estratégico de sobrevivência da área de estudo é a venda de mais gado do que o habitual, em média 36,3% dos inquiridos 32 (31,3)% no vale de Cheffa, 36 (35,3%) em South Wollo Belg e 43 (42,15%) em South Wollo & Oromia eastern lowland, sendo o gado e o sorgo as estratégias do quinto mecanismo de sobrevivência. O empréstimo de alimentos ou de dinheiro (incluindo a compra de alimentos e o crédito), em média 33,3% dos inquiridos 26(25,5%) do vale de Cheffa, 47(46%) de south wollo belg e 29(28,4%) de south wollo e Oromia eastern lowland, para a criação de gado e de sorgo, é o quinto mecanismo de sobrevivência. Em média, 26,5% dos inquiridos, 19 (18,6%) no vale de Cheffa, 34 (33,3%) em South Wollo Belg e 28 (27,5%) em South Wollo e Oromia Eastern lowland, reduzem as despesas com a saúde e a educação (crianças fora da escola) como estratégia de sobrevivência.

Os agregados familiares são opcionais Enviar as crianças para o trabalho diário e ganhar um rendimento adicional é, em média, 22,2% dos inquiridos, 10 (9,8%) do vale de Cheffa, 45 (44,1%) de south wollo belg e 13 (12,7%) de south wollo e Oromia eastern lowland o sorgo e o gado são utilizados como estratégias de sobrevivência, não comendo durante o dia, em média, 20,6. % dos inquiridos, 3 (2,9%) do vale de Cheffa, 41 (40,2%) de South Wollo Belg, 19 (18,6%) de South Wollo e Oromia Eastern lowland sorghum & cattle são outras estratégias de sobrevivência. No vale de Cheffa, em South Wollo Belg e em South Wollo e Oromia eastern lowland sorghum &cattle, a venda de bens não produtivos (jóias e vestuário) e de bens produtivos (terra e alfaias agrícolas) foi utilizada como estratégia de sobrevivência por 19,9% e

11,8%, respetivamente, da média dos inquiridos.

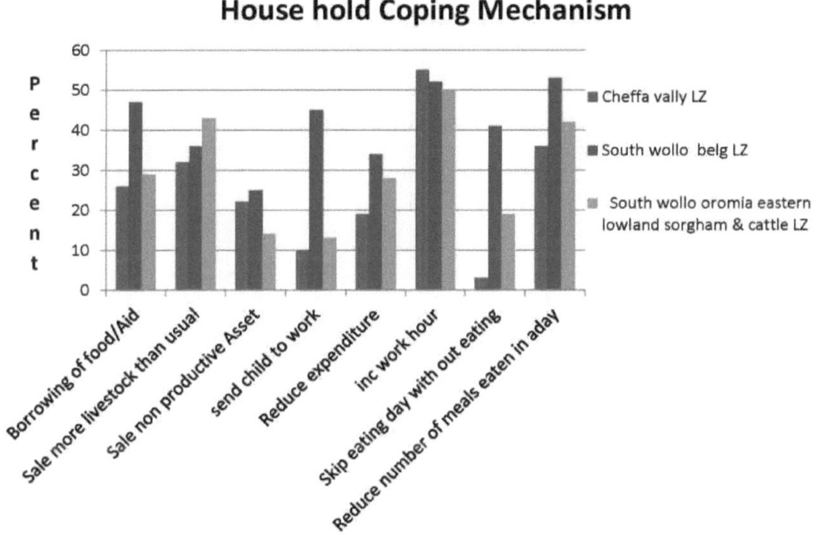

Figura 6: Mecanismo local de proteção da área de estudo

2.4. Estratégias de adaptação a nível do agregado familiar sobre a variabilidade climática nos meios de subsistência da zona

Na área de estudo, um inquérito exaustivo aos agricultores permitiu-lhes adotar diferentes estratégias face às consequências da variabilidade climática até à data e gerir os futuros padrões de variabilidade climática. Neste inquérito, os agricultores foram questionados sobre a sua perceção da variação da temperatura e da precipitação e sobre as medidas e práticas por que normalmente optaram para se adaptarem a essas mudanças ao longo dos anos. Na área de estudo, dos agregados familiares entrevistados, 37,8% têm como ocupação principal apenas a produção agrícola e, nos outros agregados familiares entrevistados na área de estudo, 60,6% dos agricultores estão também envolvidos na produção agrícola mista e na criação de animais, embora combinem algum nível de fontes de rendimento agrícola. O elevado grau de dependência das actividades agrícolas exige uma adaptação importante no sector agrícola, uma vez que este sector é diretamente afetado pela variabilidade climática. Os agricultores introduziram alterações significativas nas suas práticas agrícolas devido a alterações nos factores de variabilidade climática. Os agricultores da área de estudo utilizam diferentes práticas de adaptação nas suas práticas agrícolas. Algumas delas incluem a plantação de diferentes variedades da mesma cultura, com maior incidência nas de maturação curta, diferentes datas de plantação, maior utilização de irrigação, alteração da data de sementeira, gestão de conservação do solo e recolha de água e outras práticas.

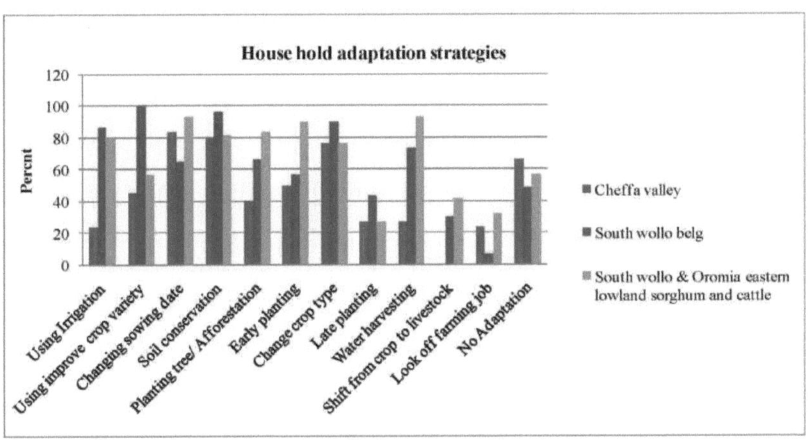

Figura 7: Estratégias de adaptação local sobre os meios de subsistência da zona

De acordo com o inquérito, os agregados familiares de todos os meios de subsistência utilizam mais estratégias de adaptação diferentes com base na sua situação de subsistência. Nos meios de subsistência do vale de Cheffa, a utilização da irrigação é de 23,3%, a utilização de culturas melhoradas é de 45%, a alteração da data de sementeira é de 83,3%, a conservação dos solos é de 80%, a plantação de árvores/arborização é de 40%, a plantação precoce é de 50%, a recolha de água é de 26,7%, a atividade agrícola é de 23,3%, enquanto nos meios de subsistência as famílias não utilizam estratégias de mudança de culturas para actividades pecuárias.

Nos meios de subsistência de wollo belg do sul, os inquiridos utilizam diferentes estratégias de adaptação. Neste modo de vida, a irrigação é utilizada em 86,7%, as culturas são melhoradas em 100%, a data de serragem é alterada em 65%, a conservação do solo é conservada em 96,7%, a plantação de árvores/arborização é 66,7%, a plantação precoce é 56,7%, o tipo de cultura é alterado em 90%, a plantação tardia é 43,3%, a colheita de água é 73,3%, a passagem das culturas para a pecuária é 30% e as actividades agrícolas são negligenciadas em 6,7%. Nos meios de subsistência do sul de wollo e da planície oriental de Oromia, o sorgo e o gado utilizam a irrigação em 80%, melhoram as culturas em 56,7%, alteram a data de sementeira em 93,3%, conservam os solos em 81%, plantam árvores/florestação em 83,3%, plantam cedo em 90%, colhem água em 93,3%, mudam de culturas para gado em 41,7% e abandonam as actividades agrícolas em 31,7%.7% e actividades extra-agrícolas 31,7% são utilizadas como estratégias de adaptação e também os meios de subsistência do sorgo e do gado no vale de Cheffa e no sul de Wollo e na planície oriental de Oromia são igualmente 76,7 e 26,7%, respetivamente, que utilizam a mudança do tipo de cultura e a plantação tardia como estratégias de adaptação à variabilidade climática. Enquanto que, entre os meios de subsistência no vale de Cheffa, 66,7%, no sul de wollo belg 48,3% e no sul de wollo e na planície oriental de Oromia, sorgo e gado 56,7% dos agregados familiares não estão a utilizar as estratégias de adaptação acima mencionadas (figura 9).

O investigador resume estas estratégias de adaptação à irrigação como um dos centros para melhorar os sistemas de produção alimentar e a capacidade de carga da terra, dado o aumento da dimensão da população e a limitação da atividade agrícola extensiva de sequeiro. No entanto, a falta de desenvolvimento da irrigação para uma proporção significativa de agregados familiares deve-se principalmente à escassez de água e de terras adequadas para a produção de culturas. Por outro lado, os agregados familiares que vivem da agricultura de subsistência estão a utilizar estratégias de adaptação de recolha de água e de conservação do solo para aumentar o potencial das águas subterrâneas e superficiais através de poços escavados à mão e para proteger a evaporação da água dos poços coberta por uma membrana geográfica, tendo a comunidade utilizado água potável na zona através de uma bomba manual e, além disso, os recursos naturais estão a ser melhorados para se regenerarem física e biologicamente através da reabilitação dos últimos anos de conservação do solo e da água na zona.

O desenvolvimento da irrigação em pequena escala é facilitado pelos Serviços de Agricultura para aumentar a produção de alimentos e diversificar as práticas agrícolas das famílias, deixando de depender da precipitação e passando a utilizar diferentes opções. Em média, 67,2% dos agricultores responderam ter adaptado variedades melhoradas de sorgo (teshale, sirinka), teff (kuncho), trigo (pecaflor) e milho (melkasa2, BH540), por ordem de importância, para fazer face à variabilidade climática. Os agregados familiares estão a praticar amplamente práticas de conservação do solo e da água na comunidade, sendo o papel de promoção desempenhado pelos gabinetes governamentais e organizações não governamentais (PSNP) para melhorar a segurança alimentar e o ambiente propício.

O papel do governo e das organizações não-governamentais na facilitação da adaptação por parte dos agregados familiares individuais e da comunidade é muito visível, especialmente na gestão dos recursos naturais e na utilização da irrigação, mas é ainda limitado e constrangido no Distrito. A maior parte das novas variedades de culturas, conservação do solo e práticas de gestão da água são promovidas por estes agentes. O sistema de extensão está a desempenhar um papel fundamental na melhoria e aumento da produção agrícola e na compreensão das famílias sobre a variabilidade climática. A assistência de organizações não-governamentais é um contributo significativo no processo de estratégias de adaptação para ajudar com material e apoio técnico.

3. Conclusão e recomendação

O resultado acima mostra que a maior parte dos agregados familiares que vivem dos meios de subsistência enfrentaram desafios consideráveis na adaptação à variabilidade climática. A análise da perceção dos agricultores em relação à variabilidade climática indica que a maioria dos agricultores está consciente do facto de a temperatura estar a aumentar e de a quantidade de precipitação estar a diminuir e a sua distribuição ser irregular. Para fazer face à variabilidade climática e satisfazer as necessidades de subsistência, é necessário efetuar investimentos produtivos na agricultura ou melhorar a produtividade a longo prazo.

As estratégias de adaptação importantes nos meios de subsistência utilizados pelos agricultores incluem a utilização de diferentes variedades ou tipos de culturas, a utilização de variedades de culturas de crescimento curto, o aumento da utilização de mão de obra por unidade de terra, o aumento da utilização de técnicas de fertilidade do solo e de gestão da água, a plantação de mais árvores na parcela, a utilização de fertilizantes externos a nível da parcela, a utilização de gado produtivo e a ajuda mútua.

No que diz respeito às implicações políticas, o desenvolvimento de um sistema de irrigação e extensão, o fornecimento de motobombas, a plantação de árvores, a educação, os serviços de saúde e a prestação de aconselhamento em matéria de extensão estão entre as principais medidas para melhorar a produção e a sustentabilidade dos meios de subsistência dos agricultores na zona.

Referências

Abraham Belay (2012): Análise da variabilidade climática e do seu impacto económico nas culturas agrícolas. O caso do distrito de Arsi Negel, Vale do Rift Central da Etiópia.

Befekadu Degefe e Berhanu Nega, (eds) (2000): Relatório anual sobre a economia da Etiópia.

Bekele, W. e Drake, L. (2003): Soil and water conservation decision behavior of subsistence farmers in the Eastern Highlands of Ethiopia: a case study of the Hunde Lafto area. Ecological Economics 46, 437-51.

Benedicta y. Fosu-mensah, paul l. G. Vlek, ahmad m. Manschadi (2010): Perceção e Adaptação dos Agricultores às Alterações Climáticas; Um Estudo de Caso do Distrito de Sekyedumase no Gana

Berkes, F. e Jolly, D. (2001): Adaptação às alterações climáticas, resiliência ecológica social numa comunidade canadiana do Ártico ocidental, Conservation Ecology 5(2), 18.

Birhanu Teffera e Shiferaw bekele (2009): Variabilidade da precipitação e produção agrícola na Etiópia - o caso da região de Amhara.

BoRD (Gabinete de Desenvolvimento Rural, 2003): Rural

household's socioeconomic baseline survey of 56 Districts in the Amhara region, Vol. VII- Crop production and protection. Bahir Dar.

CEEPA (Centro de Economia e Política Ambiental em África, 2006): Climate Change and African Agriculture Policy Note No.10, Universidade de Pretória, África do Sul

CSA (Central Statistical Authority, 2001): Etiópia:
Inquérito Demográfico e de Saúde Etiópia 2000. CSA, Adis Abeba.

Desalegn Rahmato (1991): Famine and survival strategies: a case study from northeast Ethiopia (Fome e estratégias de sobrevivência: um estudo de caso do nordeste da Etiópia). Instituto Nordiska África, Uppsala.

Ellis, F. (2003): Livelihoods and Rural Poverty Reduction in Malawi (Meios de subsistência e redução da pobreza rural no Malawi), LADDER

FAO (2010): Documento de trabalho sobre Gestão Ambiental e de Recursos Naturais. Resultado do seminário nacional realizado em Nazaré, Etiópia

Feder, G, Just, R & Zilberman, D (1985): Adoção de inovações agrícolas nos países em desenvolvimento: A survey, Economic development and cultural change 33 (2), 255-98.

IPCC (2001): Alterações climáticas: A base científica. http://www.ipcc.ch

IPCC (2007): Climate change, impact, Adaption and Vulnerability, Contribuição do Grupo de Trabalho II para o Quarto Relatório de Avaliação do PIAC Cambridge University Press.

Distrito de Kalu (2014): Gabinete de segurança alimentar e alerta precoce

Entrada em vigor do Protocolo de Quioto a 16 de fevereiro (2005): Convenção-quadro sobre as alterações climáticas.

Ketema Tilahun (1999): A caraterização da precipitação nas regiões áridas e semiáridas da Etiópia. Universidade de Alemaya, Etiópia.

McCarthy, J., O. F. Canziani, N. A. Leary, D. J. Dokken, e C.White, eds (2001): Climate change 2001: Impacts, adaptation, and vulnerability. Contribuição do Grupo de Trabalho II para o terceiro relatório de avaliação do Painel Intergovernamental sobre as Alterações Climáticas. Cambridge: Cambridge University Press.

Mulat Demeke, Fantu Guta e Tadele Ferede (2004): Agricultural development in Ethiopia: are there alternatives to food aid? Relatório de investigação não publicado, Adis Abeba

NAPA (2001): Climate change national adaptation programme of action Ethiopia, Addis Abeba.

NMA, (2007): Agência Nacional de Meteorologia: Relatório Final sobre os Critérios de Avaliação para a Identificação de Actividades de Adaptação de Elevada Prioridade elaborado por B and M Development Consultants para a NMA. Addis Ababa, Etiópia

Agência Nacional de Serviços Meteorológicos (NMSA, 2001): Initial National Communication of Ethiopia to the United Nations Framework Convention on Climate Change (UNFCCC), Addis Ababa, Ethiopia.

Agência Nacional de Serviços Meteorológicos NMSA (2007): Comunicação Nacional Inicial da Etiópia à Convenção-Quadro das Nações Unidas sobre Alterações Climáticas (UNFCCC).

Nyangena W. (2007): Social determinants of soil and water conservation in rural Kenya (Determinantes sociais da conservação do solo e da água nas zonas rurais do Quénia). Ambiente, desenvolvimento e sustentabilidade.

Oxfam (2010): Poverty, Vulnerability, and climate Variability in Ethiopia (Pobreza, Vulnerabilidade e Variabilidade Climática na Etiópia)

Temesgen Deressa (2007): Análise da perceção e adaptação às alterações climáticas na bacia do Nilo, na Etiópia.

Temesgen Deressa, R.M.Hassan, Tekie Alemu, Mahmud Yesuf e

Claudia Ringler, (2008): Análise dos factores determinantes da escolha de métodos de adaptação pelos agricultores e da perceção das alterações climáticas na bacia do Nilo, na Etiópia

UNDP/GEF E MOA/DRMFSS *(2012):* Projeto de Lidar com a Seca e as Alterações Climáticas Distrito de Kalu da Zona Sul de Wollo, Etiópia

Convenção-Quadro das Nações Unidas sobre as Alterações Climáticas (UNFCCC, 2007): Climate Change: Impacts, Vulnerabilities and Adaptation in Developing Countries (Impactos, Vulnerabilidades e Adaptação nos Países em Desenvolvimento). Secretariado da UNFCCC, Bona. http://unfccc.int/files/essential_background/background_publications_htmlpdf/application /txt/pub_07_impacts.pdf

USAID (2007): Adapting to Climate Variability and Change: Um Manual de Orientação para o planeamento do desenvolvimento.

USGS (2007): enfrentando os desafios de amanhã: A ciência do USGS na década de 2007-2017

Watson, R.T (1998): The regional impacts of climate change: An assessment of Vulnerability, Cambridge University Press Cambridge.

Woldamlak Bewuket (2009): Variabilidade da precipitação e produção agrícola na Etiópia, estudo de caso na região de Amhara

Yemane Tsegaye (2001): Basic Sampling Methods. Litrature Publishing, Istabul, Turquia

Yesuf. M, Di Falco. S, Deressa, T., Ringler. C., Kohlin. G. (2008): The Impact of ClimateChange and Adaptation on Food Production in Low-Income Countries: Evidence from the Nile Basin, Ethiopia.

Índice

Printed by Books on Demand GmbH, Norderstedt / Germany